中华鳖

小龙虾

蟾蜍

原来城市里有这么多
野生动物！
水边篇

在家门口探索大自然，观察身边的93种野生动物！

[日]儿童俱乐部 编　　周颖琪 译

黄鼠狼

普通翠鸟

寄居蟹

天津出版传媒集团

天津科学技术出版社

著作权合同登记号：图字 02-2022-277

IKIMONOTACHI NO WASUREMONO ③ MIZUBE
by Kodomo Kurabu
Copyright © 2016 Kodomo Kurabu
Simplified Chinese translation copyright © 2023 By Dook Media Group Limited.
All rights reserved.
Original Japanese language edition published by Kosei Publishing Co., Ltd., Tokyo
Simplified Chinese translation rights arranged with Kosei Publishing Co., Ltd., Tokyo
through Lanka Creative Partners co., Ltd.(Japan). and Rightol Media Limited.(China).

中文版权 © 2023 读客文化股份有限公司
经授权，读客文化股份有限公司拥有本书的中文（简体）版权

在一所幼儿园门前的路面上，有人用油漆画出了脚印的图案，请看右边第一张照片。

"这是什么呀？"

"是小猫的脚印。"

"小猫回家去了吗？"

"你看，脚趾朝着这边，小猫是出门去啦！"

可想而知，幼儿园的老师和孩子们之间一定会发生这样的对话。

再来看看右边第二张照片，这又是什么动物的脚印呢？

这不是小猫的脚印，而是某种野生动物的脚印。照片的拍摄地点是小路边的水沟旁。

其实，大城市里也生活着各种各样的野生动物。只不过，它们一般不会在人来人往的区域露面，而且大部分只在夜里活动，就更不常见了。但就像照片里所显示的那样，我们经常能找到野生动物留下的痕迹。

《原来城市里有这么多野生动物！》系列图书，就是要带领大家去发现野生动物的脚印、吃剩的东西和粪便等各种痕迹，并解开"这到底是谁留下的"这个谜题。本系列图书一共分为以下三册：

1 街道篇　　**2** 森林篇　　**3** 水边篇

"丢三落四的冒失鬼，到底是谁呀？" "它长什么样子呀？"光是想一想这些问题，就让人觉得很激动呢！

来，和我们一起寻找"失物"和"失主"吧！

（※这套书里所说的"失物"，除了脚印、吃剩的东西和粪便，还可以指巢、蛋等所有生物存在过的证据。）

目录

问题1 这里有蟾蜍的"失物"。这是什么地方？ 第1页

问题2 这是什么？ 第5页

问题3 这是什么？ 第9页

问题4 这是谁的脚印？ 第11页

问题5 树叶上有一根羽毛。这是谁的"失物"？ 第15页

问题6 这是谁的脚印？ 第17页

问题7 这是谁的巢？ 第21页

水边的动物情报

长长的卵带像绳子一样，外面包裹着一层膜

　　上一页图片中的"失物"是蟾蜍的卵。蟾蜍喜欢在池塘、水田之类的地方产卵，因为这些地方的水不怎么流动。蟾蜍产下的卵囊叫"卵带"，能有好几米长，像一条绳子，外面还包裹着一层膜。卵带里面一粒一粒的黑色圆点就是卵。卵带可以起保护作用，防止里面的卵被破坏。

蟾蜍的粪便

　　蟾蜍的粪便黏糊糊的，几乎看不出什么食物残渣。

这是蟾蜍的粪便，基本上和实物大小一致

❗ 蟾蜍在感觉生命受到威胁时，会分泌一些有毒的液体。所以，请温柔地对待蟾蜍。

毒液主要从这里分泌

蟾蜍小档案

分类 两栖动物　　食物 虫、蚯蚓和蜘蛛等
居住地 蝌蚪住在池塘或水田之类的地方；成蛙住在树林或旱田里，产卵的时候才会回到水边
习性 夜行性

※右边两张图片都是日本蟾蜍瑰丽亚种。

蝌蚪（蟾蜍从卵中孵化后到发育为成蛙之间的状态）

比比看！

蛙的卵

不同蛙的卵囊形状和产卵地点都不同。

森树蛙在水边的树枝上产卵，卵外面包裹着一层泡沫。

日本山地林蛙和蟾蜍一样，在池塘和水田里产卵，只不过它的卵囊不是带状的，而是一团一团的。

溪树蛙喜欢清澈的河流，通常生活在河流的上游到中游之间。它在大石头下面产卵，卵就像贴在石头上一样。

水里的"失物"

水里除了蛙卵，还有其他各种各样的"失物"。

香鱼取食的痕迹

香鱼用嘴刮蹭河底的石头，吃附着在上面的藻类。所以，石头上就留下了藻类被刮掉的痕迹。

石头上露出来的黑色部分，就是香鱼取食的痕迹

小鲵的卵

小鲵喜欢清澈的河水。它把卵产在水里，卵外面包裹着卵囊。

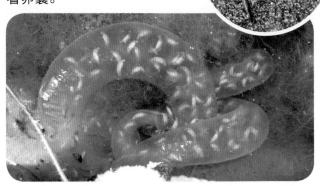

卵囊里有一些细长的白色东西，它们都是刚从卵中孵化出来的小鲵

田螺爬过的痕迹

田螺喜欢生活在水田和水池中。它在水底爬行，在底泥上留下了歪七扭八的痕迹。

田螺

爬行痕迹

在水田旁边的水渠里，有很多田螺爬行的痕迹

田螺

西方秧鸡的脚印

西方秧鸡生活在河流或者池塘边的草丛里。它在河边一边走一边觅食，所以会在泥地上留下很多脚印。

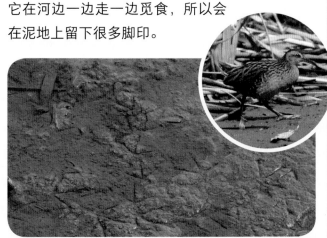

西方秧鸡在河边留下的脚印

这是什么？

实物差不多有这么大，
摸起来滑溜溜的。

埋在河边的
泥土里。

答案 龟的卵

在湿土里产卵

　　春夏时节，雌龟会到水边，在湿土里挖一个洞，往里面产下白白的卵。每到这个时期，水边就经常会出现转来转去找地方产卵的龟。下一页照片上的就是一只刚产完卵的雌龟，它正在用土埋住自己的卵。

龟的脚印

　　龟从泥泞的土地上爬过，会留下两行整齐的脚印。两行脚印中间还有一条细线，那是龟的尾巴在地上拖行过的痕迹。

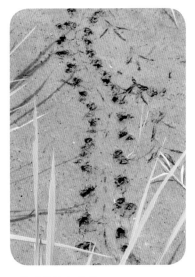

水田里的龟脚印

龟的"脚爪印章"

约为实物大小的4/5

前脚　　　　后脚

前脚和后脚都有5根趾。皮肤上有鳞片一般的纹路。

比比看！

池塘和河里的龟

池塘和河里常见的龟鳖类，通常包含以下四种。一起来看看它们有什么特点吧！

草龟
背甲上有3条凸起的棱。

红耳龟
眼睛后面有一小块红色，它是来自北美洲的物种。

日本石龟
背甲颜色发黄，后侧边缘的形状有点坑坑洼洼。

中华鳖
鼻子是尖的，背甲比较软，少有凸起。

龟的小档案

分类 爬行动物　**食物** 小鱼、小虾、螃蟹、蝌蚪和水草等　**居住地** 池塘、河流、沼泽、水田等　**习性** 昼行性

龟喜欢晒太阳的原因

晴天时，公园池塘里的龟经常爬上岸来晒太阳。它这么做主要有三个原因：

① 晒太阳能让身体变暖和。

② 龟壳的生长需要维生素D，而太阳光里的紫外线可以促进维生素D的合成。

③ 晒干身体，消灭皮肤上的寄生虫和细菌，防止龟壳上长藻。

排排坐晒太阳的龟

爬行动物和两栖动物

水边生活着很多爬行动物和两栖动物，一起来看看它们有什么不一样吧！

爬行动物

卵生，刚孵化的样子和成年以后的样子差不多。体表干燥，呈鳞片状。

龟

骨头和皮肤连在一起，形成了背甲。

蜥蜴

蜥蜴和龟一样，都喜欢晒太阳。

蛇

可以靠扭动身体来游泳。

两栖动物

卵生，刚孵化时没有脚，靠尾巴在水中游动，之后才慢慢长出脚来。两栖动物的体表是潮湿的。

蛙

刚孵化时有尾巴，越长大尾巴越短。成年以后，尾巴就消失了。

蝾螈

大多数喜欢生活在潮湿的环境中，在我国的分布范围较广。

大鲵

大鲵是世界上最大的两栖动物。它的视力不好，主要通过嗅觉和触觉来感知外界信息。

问题3

这是什么？

① 小龙虾蜕下的皮　② 小龙虾的尸体

它落在河底哦！

9

小龙虾

蜕下的皮

小龙虾蜕下的皮是半透明的

小龙虾每长大一点，就要蜕一次皮。在水渠或水流比较缓慢的河流里，如果发现了半透明的虾壳，那可能就是小龙虾蜕下的皮。不过，小龙虾经常会把自己蜕下来的皮吃掉。

切开土壤后拍下的照片，可以看到里面是小龙虾的巢

小龙虾的巢

小龙虾在河边柔软的泥土里打洞，在地下筑巢。巢的位置有时深达1米。巢的入口处盖着土，可没有那么好找。

小龙虾小档案

分类 甲壳类

食物 小鱼、昆虫和水草等

居住地 河流、池塘、水田和水渠等

习性 夜行性

答案 ① 鸭子

有蹼的脚

鸭子靠脚划水来游泳，所以趾和趾之间有蹼，从它的脚印也能看出蹼的形状。鸭子走路的姿势有点内八字（脚尖向内偏）。

鸭子的蛋

有的鸭子在水边茂密的草丛中筑巢，它们收集枯草和羽毛铺在巢里，然后在上面产卵。

鸭子的蛋

小鸭子会跟在鸭妈妈身后游泳

蹼

鸭子小档案

分类 鸟类　　**食物** 植物的种子和水草等
居住地 河流、池塘和湖泊附近，也有些生活在海边　　**习性** 昼行性为主
※上图为斑嘴鸭。

鸟的脚

　　生活习惯不同的鸟，脚长得也不一样。鹭和鹤经常在水中漫步，所以腿很长，走在深水里也不怕。不过，它们的脚上没有蹼。鸭子需要划水游动，所以腿比较短，脚上面有蹼。有一种叫黑水鸡的鸟，在水草中生活。它的脚趾很长，在水草上走来走去的时候，可以分散体重的压力。

小白鹭

钻进水底泥巴里觅食的斑嘴鸭

趴在水草上的小黑水鸡

鸟是怎样走路的？

鸟走路的姿势大概可以分为两种。走路的方法也是一种识别鸟类的线索。

蹦跳着走路

指两条腿并在一起往前跳。体形较小的鸟经常会这样走路，比如麻雀和远东山雀。

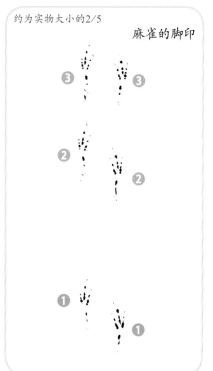

约为实物大小的2/5

麻雀的脚印

一步一步地走

这种走路姿势是指交替向前伸出左右腿，一步一步地前进。体形较大的鸟经常会这样走路，如斑鸠、鹡鸰、鹭和鸭子等。

约为实物大小的2/5

斑鸠的脚印

乌鸦的走路姿势

乌鸦既会蹦跳着往前走，也会一步一步交替着往前走。它蹦着往前走的时候，左右两只脚是一前一后的状态，姿势非常独特。

约为实物大小的1/5

乌鸦的脚印

树叶上有一根羽毛。这是谁的"失物"？

① 鸥　② 普通翠鸟　③ 鹭

一根泛金属光泽的翠蓝色羽毛。

防水的羽毛

普通翠鸟的羽毛呈青绿色，闪耀着金属光泽，这是因为它的羽毛上有特殊的结构，能够大量散射蓝色光，并使羽毛呈现泛光的金属质感。另外，普通翠鸟的尾巴根可以分泌油脂，用这种油脂涂抹全身，羽毛就能防水了，所以它飞进水里身上也不会被打湿。

飞入水中捕鱼的
普通翠鸟

普通翠鸟小档案

分类 鸟类　**食物** 小鱼、昆虫和虾
居住地 河流、池塘和湖泊附近，也会生活在海边　**习性** 昼行性

普通翠鸟的食丸

普通翠鸟会把鱼整个吞下去，但又消化不了鱼鳞和鱼骨。这些东西在鸟的体内聚集成团，最后会被鸟吐出来。这团被吐出来的东西就叫"食丸"。

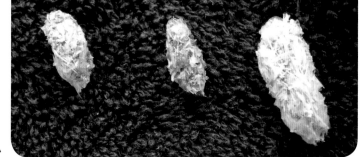

普通翠鸟吐出来的食丸

这是谁的脚印？

数数它有几根脚趾吧！

这是在河边的泥岸上发现的。

答案 黄鼬 的 脚印

有5根脚趾的脚印

黄鼬，就是我们通常说的"黄鼠狼"。它的脚印有两个特点：一是有5根脚趾，二是前脚脚印和后脚脚印的形状差不多。黄鼬喜欢到河边捉蛙、小鸟和鱼吃，所以经常在河边的湿地上留下脚印。

黄鼬小档案

分类 哺乳动物　**食物** 蛙、鱼、小龙虾、小鸟、老鼠等　**居住地** 河流、水田等水岸边　**习性** 夜行性

黄鼬的"脚爪印章"

约为实物大小的3/4

前脚　　　后脚

前脚和后脚都有5根脚趾。趾上的小点是爪子印。

黄鼬的粪便

黄鼬的粪便很细长，从中可以看到它吃剩的鱼骨头和鸟的羽毛。黄鼬喜欢在显眼的地方排便，这是它在向同类宣告自己的领地。

在河边发现的黄鼬的粪便

黄鼬的 "秘密武器"

黄鼬的屁股上有一个叫 "肛门腺" 的器官。一旦受到天敌的攻击，它的肛门腺就会喷射很臭、刺激性很强的黄色液体，这样就能吓走敌人，保护自己。这就是黄鼬的 "秘密武器"。

身子蜷成一团，进入警戒状态的黄鼬

传说中的日本水獭

日本水獭和黄鼬是亲戚，是生活在水边的代表性生物。
但现在，日本水獭已经灭绝了。

曾经生活在日本的日本水獭

日本原来有一种特有的水獭物种——日本水獭。然而，人们为了获取它们身上的皮毛，大量捕捉它们。再加上河水污染，它们没法生活，数量就急剧减少。1979年，有人在日本高知县看到了最后一只日本水獭，后来再也没有人见过它们。2012年，日本环境省宣布，日本水獭已经灭绝。

1979年在日本高知县拍到的日本水獭。现在，日本动物园里的水獭大都是来自亚洲南部的亚洲小爪水獭。

常被误认为是水獭的动物

现在，时不时会有人说"我看到水獭了！"，但实际上他们很有可能是把其他动物错认成了水獭。除了黄鼬，美洲水鼬（俗称水貂）和海狸鼠之类的物种也经常被认成水獭。亚洲原来没有这些动物，它们是从其他地区引进的外来物种。

美洲水鼬的体型其实比水獭小得多。它和黄鼬一样，能够放出臭气赶走天敌。

和水獭一样擅长游泳的海狸鼠，经常被人误认为是水獭。

这是一个用草编成的巢。

这是谁的巢？

① 中华剑角蝗

② 白鹡鸰

③ 巢鼠

答案 ③ 巢鼠

用细长的叶子织成的巢

　　巢鼠会用河边的芒草或芦苇等植物的叶子编巢，巢呈球形，直径约为10厘米。巢鼠的体重很轻，能在叶子上爬动，所以才能用叶子织巢。初夏的时候，巢鼠会在很低的位置筑巢，随着植物的生长，巢的位置也会升高，这样就不怕台风天水位上涨把巢冲走，也不怕蛇之类的天敌来侵犯了。

在成熟的稻穗里
编织的巢鼠巢

巢鼠小档案

分类 哺乳动物　**食物** 水稻、芒草等植物的种子，小型昆虫等　**居住地** 河流、水田等水边的草丛
习性 白天和夜晚都会活动

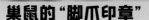

巢鼠的"脚爪印章"

和实物一样大

前脚

后脚

巢鼠的脚很小，但能牢牢地抓住草叶。在草叶上活动时，巢鼠还会用上自己的尾巴。

巢鼠的粪便

在我国的各类鼠中，巢鼠算是体形较小的一类。它的粪便也很小，一般为2～3毫米。巢鼠的粪便通常落在草丛底下，所以不是很好找。

巢鼠的粪便（约为实物的两倍大）

比比看！ 其他鼠类和水鮋的粪便

水边除了巢鼠，还生活着其他鼠类和水鮋。它们粪便的形状差不多，但粪便的大小和排便的地点不一样，一起来看看吧！

田鼠	褐家鼠	水鮋

田鼠生活在地下的隧道里，以草和蔬菜的根部为食。它的粪便是黑色的，一般为5～6毫米，通常堆在隧道口。

褐家鼠会吃人类的剩饭。它的粪便长约1厘米，通常排泄在下水道一类的地方。

水鮋生活在清澈的河流上游，在水中一边游泳一边抓鱼吃。它长得像老鼠，但其实是鼹鼠的亲戚。水鮋喜欢在河边的岩石上排便。

海边的"失物"

前面说的都是河边或池塘边的"失物"，其实海边也有各种生物留下来的"失物"。

沙滩上

沙滩上的这些脚印像是鸭子的，但其实是鸥类的。鸥类吃近海处的鱼，也吃住在沙滩上的蟹。它们喜欢集群活动，所以经常在沙滩上留下大片脚印。

黑尾鸥

沙滩上

沙滩上有很多小沙球，拼成奇怪的图案，这是圆球股窗蟹干的。圆球股窗蟹是一种小螃蟹，它的壳只有1厘米多宽。它把沙子送入嘴里，过滤出沙子里面的食物，然后把剩下的沙子团成球状，丢弃在巢穴周围。

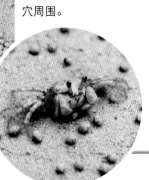

沙滩上

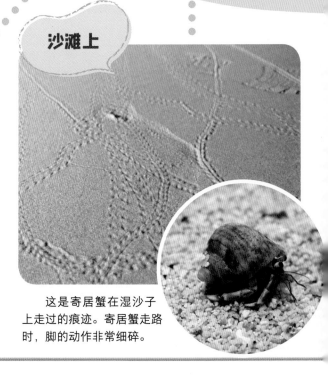

这是寄居蟹在湿沙子上走过的痕迹。寄居蟹走路时，脚的动作非常细碎。

海堤上

这是一个掉在海边的鸥的食丸。和普通翠鸟一样，鸥吃鱼的时候，也会把鱼整个儿吞下去，再吐出消化不了的食丸。鸥喜欢站在海堤上休息，所以它们经常把食丸吐在海堤上。

沙滩上

沙滩上有个像茶碗一样的东西，这是扁玉螺的卵和沙子混合以后凝固形成的。扁玉螺是一种以蛤仔为食的螺，它的这个"失物"又被称为"沙茶碗"。在春天和夏天，都能在沙滩上找到这个东西。

沙滩或海岸边的岩石上

在沙滩或海岸边的岩石上，一团拉面一样的东西被冲了上来，这是海兔的卵，通常在春天和初夏能够看见。海兔的卵又被称为"海面条"。

右图中的褐色生物就是海兔。它在感知到危险时，会喷出一股紫色的液体，像云雾一般在水中扩散开。

海岸边的岩石上

在海岸边的岩石上，粘着旋涡状的宽面条一样的东西，这是海牛的卵。海牛通常在海水中产卵，但有时也能在退潮后的海岸上发现它的卵，尤其是春天和夏天。

25

各种各样的"水边"

  这本书里所说的"水边",除了河边、池塘边,还包括水田边和水渠边。不同的水边环境有不同的特点,一起来了解一下吧!

● **河(上游)** 比下游水更浅、更凉,也更清澈。河道很窄,水流很急。岸边有很多好几米宽的大石头。

● **河(中游)** 水的深度和流速都介于上游和下游之间。岸边石头的宽度一般为几十厘米。

● **河(下游)** 比上游深,水也比较混浊。河道很宽,水流很缓和。河边有几厘米宽的小石子,还会有沙子。

● **池塘** 池塘有深有浅,但里面的水基本不流动。

● **水渠** 水通常很浅,很混浊。水渠边的植物比较少。

● **水田** 水很浅,水底是泥。水基本不流动。

● **海边沙滩(泥滩)** 有很多生活在沙或泥里的生物。

● **海岸边的岩石** 因为潮涨潮退而形成了很多水洼。

索引

好多动物脚印！

"脚印拓本"是指在动物的脚上涂上墨汁，再拓印在纸上的脚印形状。这里展示的是日本东京上野动物园前园长小宫辉之先生收集的脚印拓本。

一起来看看这套书里出现的各种动物的脚印拓本吧，和实际大小完全一样哦！

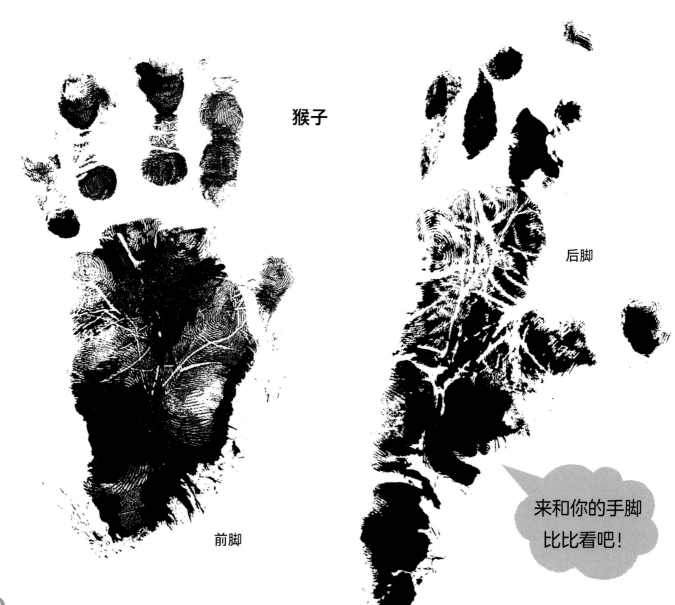

猴子

后脚

前脚

来和你的手脚比比看吧！

28

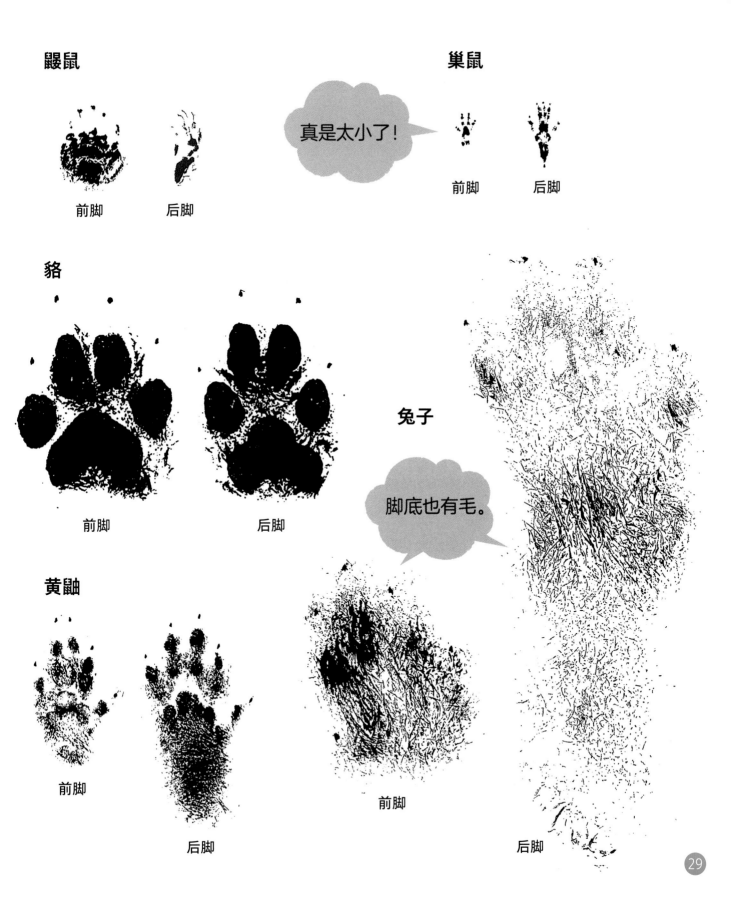

鼹鼠

前脚　　后脚

巢鼠

真是太小了!

前脚　　后脚

貉

前脚　　　　　后脚

兔子

脚底也有毛。

前脚

后脚

黄鼬

前脚

后脚

29

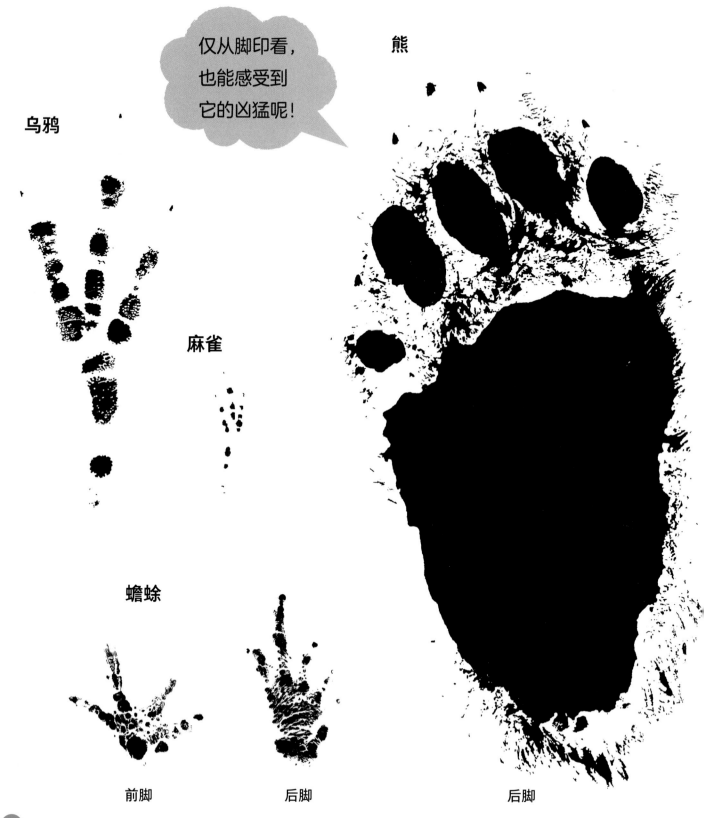

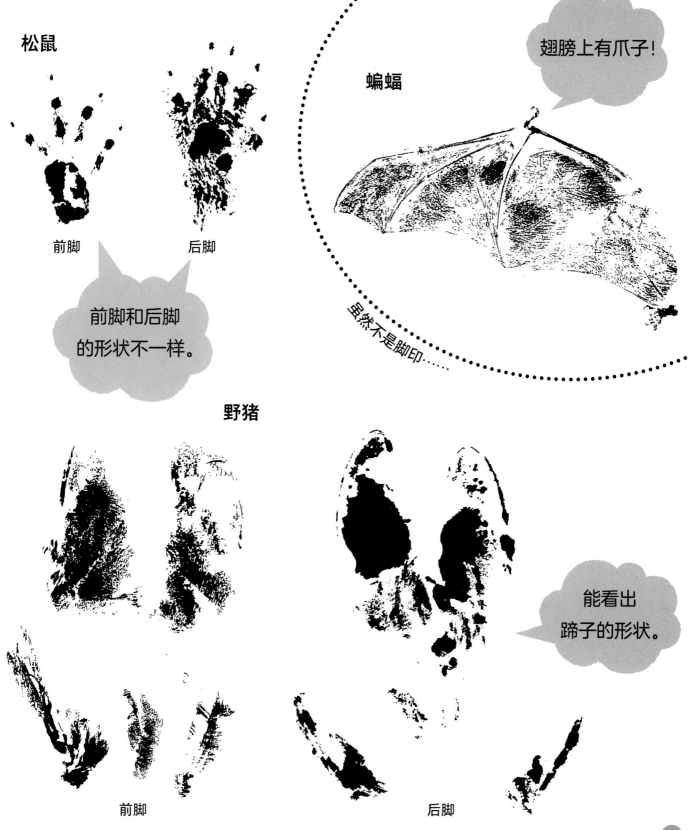

松鼠

前脚　　　　　后脚

前脚和后脚的形状不一样。

蝙蝠

翅膀上有爪子！

虽然不是脚印……

野猪

能看出蹄子的形状。

前脚　　　　　　后脚

● 日本儿童俱乐部（中嶋舞子、原田莉佳、长江知子、矢野瑛子）/ 编

"儿童俱乐部"是日本"N&S策划编辑室"的昵称，致力于在游玩、教育和福利领域为儿童策划和编辑图书，每年策划和编辑图书100余种。主要作品有《感官训练游戏》（全5册）、《海洋完全大研究》（全5册）等。

● 小宫辉之 / 审校

日本动物科普专家，1972年起先后担任多摩动物园饲养科科长、上野动物园饲养科科长，并在2004—2011年担任了上野动物园的园长。

著有《日本的野鸟》《实物等大·手印脚印图鉴》《比比看：哺乳动物的不同》等作品。兴趣是收集动物的脚印拓本，已经坚持多年。右图中，小宫辉之正在拓印非洲象的脚印。

● 何鑫 / 审校

生态学博士、上海自然博物馆副研究员、上海市优秀科普作家，主要从事动物生态学和保护动物学等领域的科研工作，撰写过数百篇与野生动物保护有关的科普作品，热衷于科普和环境教育活动。